在秋天
寻找什么？

[英] 伊丽莎白·詹纳 著
[英] 娜塔莎·杜利 绘
向畅 译

北京出版集团
北京美术摄影出版社

秋季的鸟儿

秋天来了，鸟类的数量激增。冬季候鸟，如比尤伊克天鹅，已抢先来到这里争夺秋冬的地盘。与此同时，夏季候鸟，如燕鸥，正准备离开，成群结队地飞往更温暖的地方。

这些比尤伊克天鹅来自西伯利亚，夏季它们在那里繁殖，冬季则待在英国。当西伯利亚的天气变冷时，天鹅们就会带着孩子迁徙到这些温暖的湿地过冬。

小天鹅们长着灰色的羽毛和粉色的喙。当它们完全长大时，羽毛就会变成白色，喙也会变成黄色和黑色。比尤伊克天鹅喙上的图案就像指纹那样是独一无二的，没有哪两只天鹅喙上的图案完全相同。

这些天鹅每晚都会在湿地栖息。秋天时，它们经常溜达到附近的田地，寻找散落下来的粮食吃，比如土豆和谷物。

返校

漫长的暑假过后，又到返校的日子了。整理好校服，收拾好书包，孩子们都在为开学的第一天做准备。

这时，头顶上树木的叶子渐渐从绿色变为红色，好像它们都已经感觉到了季节的变化，在着手为过冬做着准备。

叶子的绿色是由一种叫作叶绿素的化学物质产生的。它有助于树木通过光合作用，吸收阳光后产生能量和养分。在秋天，当白天变得更冷、更短、更暗时，有些树木为了减少能量消耗就会停止产生叶绿素。正因为如此，叶子中的其他化学物质，如橙黄色的胡萝卜素，变得更加明显，因此叶子才会变色。

鲜艳的橙色和红色叶子变得越来越干枯，在秋天最终逐渐飘落。经历这一过程的树就被称为落叶树木。相比之下，有些树木一年四季都长着绿叶，被称为常绿树木。

犁地

在乡下，绿色的田野变得好像一块色彩绚丽的拼织地毯。现在是农民收割庄稼和犁地的时候了。麦田一块接一块地被割完，小麦被收走。一旦田地空下来，就可以犁地了。

犁车是一种能松土的机器。它将新鲜的养分翻到土地表面，把老的作物和杂草埋在下面，等它们腐烂，将剩余的营养物质还给土地。

土壤翻新，形成肥沃的犁沟，农民开始播种，等待它们春天时发芽。在播种之前犁地是很重要的，因为这为庄稼生长创造了有利条件。

在过去，犁是由马或牛拉着的，但如今，更多的是使用拖拉机。虽然犁地是一项辛苦枯燥的工作，但一些农民会组织犁地比赛来增添乐趣，比一比看谁能利用各种机器和技术，把地犁得最好或最快。

收获的喜悦

园丁们正在忙着收获劳动成果，并为下一年的种植做准备。在果园里，苹果和梨低垂在树枝上，等待随时被摘下。在菜地里，土豆和胡萝卜从土里被挖出来，甜菜根从地里被轻轻地拉出来。最后一批新鲜生菜和红花菜豆也必须统统被摘走了。

收获作物是很重要的，因为这样才不会浪费食物，也有助于植物自然生长周期的循环。一旦这些蔬菜被摘完，园丁就会用锄头疏松土壤，清除杂草。他们也许还会播种新的种子，比如卷心菜。

植物在春季和夏季消耗了土壤中的大量养分，所以秋天也是帮助土壤恢复的时候。园丁会让园子空闲着，也叫休耕，就是让土地休息休息。或者在土地上撒上堆肥——一种由腐烂植物制成的肥料——来改良土壤，为来年的耕种做好准备。

1. 彩虹莙荙菜
2. 秋季国王胡萝卜
3. 伍斯特·皮尔曼苹果
4. 极星红花菜豆
5. 展会梨
6. 手叉和泥铲
7. 卡罗琳娜·鲁比红薯
8. 甜菜根

1
2
3
4
5
6
7
8

蘑菇季

田野里那些圆圆的、看起来像奇怪石头的白色东西，实际上是大马勃菇。蘑菇是一种被称为真菌的生物，喜欢清凉潮湿的环境，所以在秋天，田野和林地边就会长满蘑菇。

大马勃菇是最容易被发现的蘑菇之一，那是因为它的圆球形状和巨大的个头儿。大马勃菇的菌盖通常能长到宽约50厘米，一些巨型马勃甚至能达到150厘米！新长出来的蘑菇内部坚硬，芯是白色的，但随着它不断生长，会释放出孢子，最终这些孢子会长成新的蘑菇。

这片农场上的一些荷斯坦-弗里生牛已经怀孕了，很快就会生下小牛犊，并产出牛奶。奶牛只有在需要喂养小牛时才会产奶，而一般来说春天是产犊季节，不过，奶农也会在秋季让母牛产犊，这样他们全年都可以销售牛奶。

灌木篱墙上的美餐

9月，灌木篱墙上到处都是明艳艳、沉甸甸的浆果。鸟儿们野餐的时间到了！褐头山雀喜欢吃多汁的黑莓、饱满的蓝色黑刺李浆果和闪亮的接骨木果，它们甚至能从大榛子绿色的外壳中剥出果肉。有时候，过路的、散步的和徒步的人们也会停下来加入这场盛宴，在经过时摘一颗诱人的黑莓尝尝。

植物通常依靠鸟类带走它们的种子，散播到新的地方生根发芽。为了尽可能多地吸引鸟类，一些植物把种子藏在色彩鲜艳的浆果里，装扮成美味的零食。而这些种子很难消化，所以当鸟飞到其他地方时，种子就会留在它们的粪便中，并有希望长成新的植物。

灌木篱墙由成排的灌木丛组成，它们通常被用来划分田地或标记道路的边界线。有些灌木篱墙已经有几百年的历史了，它们为许多野生动物提供了重要的庇护所和食物，包括小型哺乳动物，比如刺猬和田鼠，以及许多鸟类和昆虫。

1. 接骨木果
2. 大榛子
3. 褐头山雀
4. 黑刺李浆果
5. 金翅雀
6. 苍头燕雀
7. 黑莓

1
2
3
4
5
6
7

燕子的迁徙

又快到一年一度的冬季迁徙时间了，燕子们变得越来越焦躁不安，气温下降和白天变短提示它们要开始聚在一起为旅行做准备了。看看它们是如何在空中飞舞，然后站在电线上等待的。

这些燕子将从欧洲飞行到南非过冬，这次旅行大约需要4个星期。它们会成群结队地在白天飞行，每天飞行大约320千米，并在沿途的芦苇地里过夜。

这段长途旅行是充满危险的。燕群可能会遇到暴风雨，一些燕子会累得无法飞行，最终因过度疲惫而跌落下去。虽然燕子可以在飞行时吃昆虫，但它们有时会经过撒哈拉沙漠这种食物匮乏的地区。如果一只燕子没有储备足够的脂肪来提供能量，它在旅途中就会挨饿。

幸运的是，每年都有许多燕子顺利到达温暖的南非。在那里，它们将在阳光下过冬，吃很多虫子，然后在4月返回故土。

房子里的不速之客

随着天气变冷，一些不请自来的访客可能会出现在你的家里。一只巨型家隅蛛正偷偷爬上墙，或是一只瓢虫正在窗台上散步。大蚊可能会趁门敞开时，拍打着翅膀、迈着长腿钻进去。所有这些生物都在寻找一个温暖的地方安家，而房子的角落和天花板是最具吸引力的。

异色瓢虫正在寻找一个地方冬眠，与七星瓢虫喜欢在落叶中冬眠不同，异色瓢虫更喜欢在室内过冬。在房间和窗户的角落里可以发现它们的据点。

大蚊最显著的外形特征是它的大长腿。每年的这个时候，大蚊已经交配完并在草地上产了卵，走到了生命的尽头。大蚊是无害的——即便如此，如果它突然飞过来，也会吓人一跳！

1. 七星瓢虫
2. 大蚊
3. 巨型家隅蛛
4. 异色瓢虫

1
2
3
4

虫子旅馆

欢迎来到虫子旅馆！这个冬季野生动物之家是用木头、砖块、石头和树叶等材料制成的，是昆虫和其他小型花园生物的栖身之地。

在现代建筑和公园里，冬天时小型动物可以躲藏的地方并不多。整洁的花园、光滑的混凝土墙和开放的空间无法给昆虫提供足够的可以藏身的缝隙。随着天气变冷，虫子们需要安全、温暖的地方来躲避，而虫子旅馆恰好解决了这个难题。

虫子旅馆是由许多材料制成的，因此可以吸引很多不同的生物。砖块和木板支撑起坚固的楼层，枯木和树皮非常适合蜘蛛、木虱和蜈蚣，瓦楞纸板能引来草蛉，干树叶和稻草则对瓢虫充满诱惑力。竹管上的小洞成了独居蜂的家，而用石头和瓷砖搭成的大洞则为青蛙和蟾蜍提供了凉爽、潮湿的公寓。

等到旅馆足够高时，就可以盖上屋顶了。这些瓦片和石板搭建的屋顶可以保护房客们免受冬季风雨的侵袭。屋顶一固定好，就只需静静地等待客人光临了！

林地游戏

10月，当你穿过公园和树林时，留意那些藏在多刺绿壳里的红棕色马栗，它们是欧洲七叶树的种子。

马栗具有一定的毒性，并不是我们通常所说的板栗。板栗外壳上的刺比马栗的刺长，而且更密集。如果你去林地捡栗子，千万注意别扎到手。

每年这个时候，马栗并不是唯一有趣的树种子。看看枫树的种子从树枝上旋转飘落吧。种子藏在像翅膀的翅果中，当它们飘落时，就像直升机的螺旋桨一样旋转。快捡起来，高高地扔向空中，让它们飞舞吧！

马鹿之战

一阵低沉的咆哮回响着，惊起了山上的野兔。一群马鹿当中，最大的雄鹿是领头的，它想要捍卫自己的地位。这只雄鹿昂首阔步地咆哮着，来回晃动着鹿角，向年轻的雄鹿们发出挑战。

一位勇敢者接受了挑战。两只雄鹿撞在一起，低下头，用尽全力，用鹿角将对方向后推。这看上去和听起来都像是一场激烈的战斗，但实际上只是一种权力的展示。如果这只年轻雄鹿赢了，那么它在鹿群中的地位将会提高，有权与更多的雌鹿交配。每年的这个时候都会发生这种情况，被称为发情期。

雄鹿在夏天时长出的鹿角就是为这场战斗而准备的。鹿角是一根坚硬的骨头，里面呈蜂窝状。发情期一过，雄鹿就不再需要鹿角了，这个令人赞叹的武器开始萎缩，最终脱落。秋天时，如果你等到公鹿发情期过后在鹿园中散步，可能会发现地上有一两个掉下的鹿角。春天，雄鹿开始长出新的鹿角，它们的头顶上会露出天鹅绒般柔软的幼角。

田地里的野鸡

一辆拖拉机正沿着田边行驶，修剪着树篱。树篱在夏天长得过于茂密，需要修剪。现在正是修剪的最佳时机，因为鸟类繁殖季节已经结束，灌木完成了一年的生长周期，叶子和果实不再生长，这时修剪可以减少对植物的损害。

田地里，一只花脑袋的雄野鸡和一只黄褐色的雌野鸡，正从移动的拖拉机旁边跑开。雄野鸡的羽毛色彩亮丽，双颊鲜红，蓝绿色的脖颈上套着一圈白色羽环，摇着长长的尾羽。雌野鸡可就没那么漂亮了，它们毛色暗淡，大体呈褐色，尾羽也短，与雄野鸡站在一起，逊色不少。田地为它们提供了适宜的生存环境。

南瓜地里

10月的田野里，沉甸甸的橙色南瓜趴在绿叶下，等人来采摘。南瓜是一种南瓜属植物的果实。南瓜属植物有各种形状、大小和颜色的果实，它们在秋天成熟，很多人把它们烤了吃或做成美味的汤。

人们还会自己动手制作南瓜灯。先在南瓜皮上画好眼睛、鼻子和嘴巴的形状，然后把南瓜里面的瓤挖出来，接着在外皮上沿着画好的轮廓刻出人脸的样子。最后，在里面放一根蜡烛并点燃，这样，南瓜灯就做好啦。

1. 头巾南瓜
2. 皇冠大南瓜
3. 日本南瓜
4. 黄贝贝南瓜
5. 嘉年华南瓜
6. 康涅狄格田野南瓜

1
2
3
4
5
6

秋日夜空

11 月初，空气微寒，一轮明晃晃的圆月悬挂在夜空。这是一轮满月，人们能清楚地看到整个月亮。每个月，从地球望去，月亮都会经历一系列不同的阶段，形状逐渐变圆，然后再慢慢变为镰刀形，最后完全消失。实际上即使我们看不到，月亮也总是在那里。

月亮围绕着地球转动，它们与太阳的相对位置也在不断变化。太阳照射在月球上的光决定了我们能看到多少月球表面。当月亮从新月变成满月时，我们说月亮正在“渐满”。当它从满月缩成镰刀形时，我们说月亮正在“渐亏”。

人们来到户外，观赏着这奇妙的秋日夜空。孩子们点燃手中的烟花，在空中挥舞着绘出图案。在绚烂烟花的映衬下，连月亮都似乎黯然失色了呢。

秋天的储备

随着秋末的临近，动物们开始为季节的变化做起了准备。因为冬天时现成的食物会减少，所以许多动物开始提前收集吃的。

灰松鼠去寻找橡子储存起来。它们对坚果挑选得很严格，先是用鼻子闻闻，看看是否成熟，然后把感觉太轻的扔掉。轻可能意味着坚果已经被昆虫的幼虫吃空了。一旦松鼠找到了一颗不错的橡子，就会将它埋入松软的土壤，然后拍拍周围的软土。松鼠还会把它们找到的橡子埋在不同的地方，这样一来，如果其中一个藏点被发现，其他的橡子还能留下来。然而，藏点这么多，总会忘了其中的一些！到了春天，那些被遗忘的橡子就会发芽，长成一棵棵大树。

1. 灰松鼠
2. 夏栎的叶子
3. 欧洲白蜡树的叶子
4. 花旗松叶
5. 小林姬鼠
6. 欧洲山毛榉的叶子
7. 橡子（夏栎的果实）
8. 欧洲七叶树的叶子
9. 毒鹅膏

1
2
3
4
5
6
7
8
9

冬眠的刺猬

到了11月，刺猬就该找一个舒适的地方准备冬眠了。它们会在温暖、安全的地方筑巢，比如原木垛、堆肥堆或人造刺猬屋，然后缩成一团，开始漫长的冬眠。

对于刺猬来说，冬眠是它们在缺乏食物的情况下生存下来的一种方式。秋天，刺猬会拼命多吃东西，以便在体内囤积更多的脂肪。之后，一旦安全地进入巢穴，它们就会降低体温来适应周围环境。它的所有身体功能，包括呼吸和心跳，也会减慢。这样能够节省大量的体能，保证它们依靠自身的脂肪存储顺利活到春天。

如果冬天天气变得暖和一点，刺猬偶尔也会离开窝迅速找点儿吃的，除此之外的整个冬季，它们都会一直安安静静地藏在窝里。

每年的这个时候，许多其他动物也在准备冬眠，比如蝙蝠、冬眠鼠、熊蜂蜂王、瓢虫、青蛙和草蛇。

椋鸟的空中表演

天色渐暗，一大团黑云正在深秋的天空中盘旋。它一次又一次俯冲、旋转，时而散开，时而缠绕。这片云其实是一大群椋鸟，它们正在表演一场被称为“椋鸟群飞”的空中飞行秀。

椋鸟在秋冬时节都会待在一起。它们选择芦苇或林地作为栖息地，那里可以容纳成千上万只鸟。椋鸟们聚在一起相互取暖，交换着有关最佳觅食地点的信息。

每天晚上栖息之前，椋鸟都会飞上天空进行这令人惊叹的表演。没人确切地知道它们这么做究竟是为什么。一些鸟类学家认为，椋鸟这样做是正在给其他同类发出信号，为它们前往安全的栖息地导航。另一些人则认为这样做有助于保护它们免受捕食者的伤害，比如游隼就会被这种飞行展示弄糊涂，无法瞄准一只鸟作为目标。不管怎样，绚丽的椋鸟群都是美丽的自然之谜。

不过，由于建筑面积的增加，椋鸟的许多自然栖息地和觅食地点已经消失，现在它们的生存正受到威胁。

海岸上的新生命

海滩上，雌性灰海豹正上岸准备产崽。海豹沿着海岸线建立起庞大的聚居地，在那里，刚出生的幼崽可以在一个安全的环境中长大。

海豹的聚居地非常嘈杂。小海豹们大声哭泣，闹着要吃奶。雌海豹们为了保护孩子而相互嘶吼。与此同时，雄海豹为了寻找交配对象，在海滩上踱着步，发出像蒸汽火车一样的喘息声。

小海豹刚出生时，身上长着蓬松的白色皮毛。这是因为许多年前它们可能出生在雪地里，白色有助于它们伪装，从而躲避捕食者。

小海豹出生后第一个月通常跟妈妈住在一起，吃它的奶。之后，雌海豹会把孩子留在聚居地，自己回到海里捕食，再次交配。

在接下来的几周内，这些小海豹将独自待在岸边，直到它们的身体长大两倍，长出成年海豹的灰色皮毛。然后，它们就会去海里学习游泳和捕鱼。

鲑鱼洄游

能看到瀑布中闪烁的点点银光吗？每年这个时候，人们经常可以看到大西洋鲑鱼跳出水面，努力跃上瀑布。鲑鱼能跳得很高，较大的鲑鱼在第一跳时就能轻松到达瀑布顶部，但较小的往往会跌落下去，不得不一次又一次地尝试，直到成功。

每年，大西洋鲑鱼都会从海上开始艰难的旅程。它们等着秋天的大雨使河水上涨，这样游上岩石和瀑布就会容易得多。然后，它们聚集在河口，准备开始逆流而上。

这些鲑鱼出生在这条河里，之后远赴海洋，在那里长大成年。当它们准备产卵时，就会再回到自己的出生地。

雌鱼产卵后，雄鱼给它们授精。在这之后不久，它们的生命也走到了尽头。

图书在版编目（CIP）数据

在秋天寻找什么？ / (英) 伊丽莎白·詹纳著 ；(英) 娜塔莎·杜利绘 ； 向畅译. — 北京 ： 北京美术摄影出版社，2023.1
（我的博物小课堂）
书名原文：What to look for in Autumn
ISBN 978-7-5592-0539-1

Ⅰ. ①在… Ⅱ. ①伊… ②娜… ③向… Ⅲ. ①科学知识—儿童读物 Ⅳ. ①N49

中国版本图书馆CIP数据核字(2022)第154699号

北京市版权局著作权合同登记号：01-2022-4168

责任编辑：罗晓荷
责任印制：彭军芳

我的博物小课堂

在秋天寻找什么？

ZAI QIUTIAN XUNZHAO SHENME?

[英] 伊丽莎白·詹纳　著
[英] 娜塔莎·杜利　绘
向畅　译

出　版　北 京 出 版 集 团
　　　　北京美术摄影出版社
地　址　北京北三环中路 6 号
邮　编　100120
网　址　www.bph.com.cn
总发行　北京出版集团
发　行　京版北美（北京）文化艺术传媒有限公司
经　销　新华书店
印　刷　雅迪云印（天津）科技有限公司
版印次　2023 年 1 月第 1 版第 1 次印刷
开　本　889 毫米 × 1194 毫米　1/16
印　张　2.5
字　数　10 千字
书　号　ISBN 978-7-5592-0539-1
定　价　68.00 元

如有印装质量问题，由本社负责调换
质量监督电话　010-58572393

心中的秋天